1分钟儿童小百科

航空航天小百科

介于童书 / 编著

U0247359

江苏凤凰科学技术出版社·南京

图书在版编目（CIP）数据

航空航天小百科 / 介于童书编著 . — 南京 : 江苏
凤凰科学技术出版社, 2021.3（2022.8 重印）
（1 分钟儿童小百科）
ISBN 978-7-5713-1774-4

Ⅰ . ①航… Ⅱ . ①介… Ⅲ . ①航空－儿童读物②航天
－儿童读物 Ⅳ . ① V-49

中国版本图书馆 CIP 数据核字 (2021) 第 013095 号

1分钟儿童小百科

航空航天小百科

编 著	介于童书
责 任 编 辑	向晴云
责 任 校 对	仲 敏
责 任 监 制	方 晨

出 版 发 行	江苏凤凰科学技术出版社
出版社地址	南京市湖南路 1 号 A 楼，邮编：210009
出版社网址	http://www.pspress.cn
印 刷	北京博海升彩色印刷有限公司

开 本	710 mm × 1 000 mm 1/24
印 张	6
字 数	18 000
版 次	2021年3月第1版
印 次	2022年8月第4次印刷

标 准 书 号	ISBN 978-7-5713-1774-4
定 价	39.80元（精）

图书如有印装质量问题，可随时向我社印务部调换。

扫一扫 听一听

　　飞上天空，自古以来一直是我们的梦想。在古代，我们一直在想象天空之上是怎样的世界。而在近现代，我们已经实现了飞上蓝天的梦想。后来我们开始探寻地球外的世界。我们不知道在宇宙中是否有其他的文明，但我们一直致力探索其他的文明，并希望与他们进行友好的交流。

　　无论是面对蓝天还是面对星空，我们都有勇于探索的精神，并且已经发明了探索它们的法宝。在未来，我们将发明更多的法宝，取得更大的进步。天空从来都不是人类的极限，宇宙仍有很多未知等待我们去探索。也许在不远的未来，我们就能实现星际移民，进行星际旅行。

目录

扫一扫 听一听

古人对飞天的畅想

从古至今，人们对于天空的探索，始终未曾停止。远古时期的人出于对天地的崇拜，便已经想象出"女娲补天""嫦娥奔月"等神话故事。

唐宋时期经济繁荣，古人对于天空更加地向往。前有李白"俱怀逸兴壮思飞，欲上青天揽明月"的豪情万千，后有苏轼"我欲乘风归去，又恐琼楼玉宇"的孤寂清冷。直到近代以后，人们对天空的向往，随着科技的发展，才得以实现。

cháng é bēn yuè de chuán shuō
嫦娥奔月的传说

相传在远古之时，天空中出现了10个太阳，大英雄羿一连射下9个太阳，挽救了天下百姓。西王母为此奖赏了他一粒仙丹。只要吃了仙丹，他便能立地飞升上天。

羿不愿与妻子嫦娥分离，便将仙丹藏了起来。羿的徒弟逢蒙想要抢夺仙丹，趁着羿外出之时威逼嫦娥。情急之下，嫦娥自己吃下了仙丹，飞到了月亮上。

你知道吗？

传说嫦娥在人间时，经常行善积德，所以很受百姓喜爱。在她飞升上天之后，百姓每年都会聚集在一起纪念她。久而久之，中秋节也就诞生了。

sūn wù kōng de jīn dǒu yún
孙悟空的筋斗云

明代小说《西游记》是我国四大名著之一，也是深受广大小读者喜爱的一部神魔小说。

孙悟空在皈依佛门之前，也曾大闹天宫。他会筋斗云法术，翻一个跟头就能行十万八千里。而作者吴承恩赋予孙悟空上天入地、翻江倒海的高强本领，也代表了古人对于探索天地的美好幻想。

你知道吗？

孙悟空的第一个师父菩提祖师，才是真正的世外高人。七十二变、筋斗云这样的高强法术，都是他传授给孙悟空的。

屈原与《天问》

屈原是战国末期著名的爱国诗人。他有一颗忧国忧民的爱国之心，却被小人陷害，流放到汨罗江。

由于满腔的热血无法诉说，屈原便将精力转投到诗歌创作上。在《天问》这篇长诗中，屈原以优美的行文方式，描述了自己对于天宫的种种疑问。其瑰丽的想象、振聋发聩的呐喊，让后代学者为之动容。

你知道吗？

在楚国危难之时，屈原悲痛交加，于是跳入汨罗江而亡。后人为了纪念他，便在粽子上系上彩带投入水中，举办龙舟赛，端午节也由此演变而来。

端午
五月五

鲁班与飞鹊

早在战国时期，鲁班大师便制造出会飞的木鸟，名叫飞鹊。据《墨子·鲁问》记载，鲁班制造的飞鹊可以连续飞翔3天而不落下，甚至还可以载人飞行。

可惜的是，这种飞鹊的制作方法已经失传，关于它的真假，至今也无法确定。不过可以肯定的是，早在春秋战国时期，我们的祖先就已经有了制造飞行器的想法。

你知道吗？

鲁班被誉为现代木匠的祖师爷，人们常用的锯子、梯子，便是鲁班发明的。而构思巧妙的鲁班锁，更是开发智力的益智玩具。

张衡与木雕

东汉有个发明家，名叫张衡。大家都熟悉的地动仪，便是张衡发明的。相传，鲁班和墨子这两位先秦大师都发明过会飞的木鸟。在两位大师发明的基础上，张衡也钻研出木雕。

根据《太平御览》记载，张衡在木雕的腹中安装了动力装置，能让它在天空中飞得更加持久。这是早期飞行器的一大进步，说明古人已经注意到动力系统。

你知道吗?

张衡不仅是一位发明家，还是一位天文学家、数学家和地理学家。除此之外，张衡的文学造诣也很高，是汉赋四大家之一。

风筝：最早的飞行器

风筝在我国有着悠久的历史。早在楚汉交战时，韩信就将竹笛绑在风筝上，配合将士的歌声，击溃了项羽军队的士气。古书上还记载，在南北朝时期，大臣元韶为躲避皇帝的追杀，曾坐上风筝逃跑。

由此可见，古人很早便向往"可以载人的飞行器"。到了宋代，由于造纸业的发达，纸做的风筝更为普遍。

你知道吗？

山东省潍坊市被称为"风筝之乡"，这里的风筝最为出名。风筝起源于春秋时期，相传是由墨子发明的，距今已有两千多年的历史。

伊卡洛斯飞行节

希腊神话中的男孩伊卡洛斯，用蜡和羽毛制造了一个飞行器。因此，伊卡洛斯这个名字便成为飞行的象征，飞行节也因此得名。

伊卡洛斯飞行节举办时间是每年9月第3周的最后4天，是全球最大规模的自由飞行盛会。来自世界各地的自由飞行爱好者操纵着滑翔伞、热气球等，共享飞行盛宴。

你知道吗？

2019年8月上旬，伊卡洛斯飞行节在我国美丽的海滨城市青岛举办。

孔明灯：最早的热气球

孔明灯是中国传统手工艺品，也被叫作"热气球之祖"。孔明灯的升空原理是利用蜡烛加热灯内的空气，加热后的空气会为孔明灯提供向上的浮力。当浮力大于重力的时候，孔明灯就可以升空了。

在古代，人们往往用孔明灯传递军事信息。到了现代，不少人在重要节日放孔明灯，是为了许下一个美好的愿望。

你知道吗？

相传孔明灯出现在三国时期，由蜀相诸葛亮发明。因为诸葛亮字孔明，所以这种古老的手工艺术品便被叫作孔明灯。

航天第一人

世界航天第一人，是我国明代的万户。万户原名陶成道，在明太祖朱元璋起兵之时，因为贡献了火神器技艺，得到了朱元璋的赏识而受封"万户"。

万户在晚年时，想要见识一下天空。于是他在椅子上绑了47支自制火箭，手拿两个大风筝坐在上面。可惜的是，自制火箭被点燃后不久就爆炸了，万户也因此身亡。

你知道吗？

为了纪念万户在航天史上迈出的第一步，国际天文学联合会将月球上的一座环形山，命名为"万户环形山"。

日心说和地心说

地心说曾在西方世界占据了许多年的主流地位。那时人们认为，地球是宇宙的中心，一切星辰都围绕着地球转动。然而在文艺复兴时期，哥白尼却提出了日心说。在他看来，宇宙以太阳为中心，即便是地球，也要绕着太阳转动。

这个言论，在当时引起了轩然大波。虽然日心说并非完全正确，但对天文学的发展意义非凡。

你知道吗？

哥白尼提出的日心说挑战了地心说的主流地位，实现了天文学的根本变革。

xiàng zhe tiān kōng chū fā

向着天空，出发！

当麦哲伦的船队首次环游世界后，人们便宣告征服了一望无际的大海。近代以来，航海事业飞速发展，使得人们又重新将目光投向了更加遥远的天空。工业革命之后，人类的科技得到了迅猛发展，越来越多的科学家又燃起了征服天空乃至星空的希望。也正是在这个时期，人类发明了飞机、卫星以及空间站技术，使航天事业取得了长足进步，而人类从古到今都一直坚持的飞天梦想，也终于照进现实。

欧洲上空的热气球

热气球，是由球囊、吊篮和加热装置组成的一种密闭结构的飞行器。它的升空原理和孔明灯一样，是利用热胀冷缩，使得气球下方产生浮力，最终飘浮起来。

与其他飞行器不同的是，热气球在刚被发明时，并不具备自己的动力系统，一直到蒸汽机出现以后，热气球才可以被人控制方向和升降，然后慢慢在欧洲普及起来。

你知道吗？

严格意义上的热气球，最早出现在18世纪的欧洲，发明者是法国造纸商孟格菲兄弟。他们因看到纸屑在火中起舞，而萌生了发明热气球的念头。

莱特兄弟的自由翱翔

20世纪初，汽车在欧洲已经非常普遍了，不仅使用便捷，还动力十足。受到汽车的启发，莱特兄弟萌生了制造一款会飞的汽车的念头。

莱特兄弟在滑翔机的基础上增加了两个推进螺旋桨，并且历史性地采用了升降舵在前、方向舵在后的操作系统，这对整个航空事业来说都是历史性的贡献，莱特兄弟也因此被誉为"飞机之父"。

你知道吗？

1903年12月17日，世界上第一架飞机——飞行者一号，在发明者莱特兄弟的操控下，正式起飞成功，并如愿安全着陆，飞机就此诞生。

飞机设计师冯如

由于清政府闭关锁国，中国没有赶上第一次和第二次工业革命。为了改变这种困局，不少人选择出国学习，试图挽救当时落后的中国。

有一个年轻人叫冯如，当时正潜心研究机械领域。当他听闻莱特兄弟发明飞机的消息后，也下定决心研究飞机。经过不懈探索，冯如克服了种种困难，终于在1908年成功制造出属于中国人自己的飞机。

你知道吗？

1912年，在一次飞行表演中，冯如驾驶的飞机不幸遭遇意外，最终坠落。这个才华横溢的年轻人，最终为飞行事业献出了自己的生命。

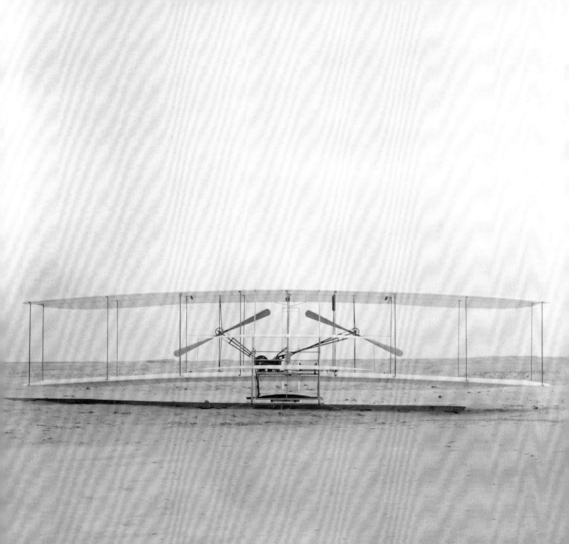

飞行器的变革

随着现代科技的进步，飞行器不再局限于传统形式的飞机。在20世纪30年代，受中国竹蜻蜓与达芬奇直升机草图的启发，西方率先发明了直升机。

与传统飞行器不同，直升机不仅可以低空、低速飞行，而且还不占用太大空间。这些突出的优点，使得直升机被广泛运用在各行各业，如运输物资、地质勘探、紧急救援等方面。

你知道吗？

世界上最小的直升机来自日本，它的主旋翼直径只有6米左右，净重为115千克，是一种超小型的单人直升机。

"音障"的突破

音障，是指当物体移动速度接近音速的时候，因为音波的堆积产生的阻力急剧增大的现象。而飞行技术想要发展，就必须突破音障。

所谓突破音障，就是指飞机的速度已经突破了声音传播的速度。声音的速度一般是340米/秒，所以飞机的速度一旦突破音障，便意味着它的发展进入了一个新阶段。

你知道吗？

1947年10月14日，美国试飞员耶格尔驾驶飞机首次突破音障，飞行速度达到1 066千米/小时，这是人类飞行历史上的里程碑。

民航运输的发展

民用航空，与军事航空相对立，泛指飞行器从事除了国防、海关等军事性质以外的航空活动。民航也是从两次世界大战时期发展而来的。商人看到了运输旅客的商机，同时对旅客来说，去往世界各地也更为便捷。借助民航的发展，全世界的人民有了更加密切的联系。而全世界商品的流通也更加便利，全球之间的交流变得更加紧密。

你知道吗?

我国的民用航空，在20世纪70年代得到了迅猛发展。目前我国已有六十多家运输航空公司，成为全球第二大航空运输市场。

世界第一颗人造卫星

1957年，苏联发射了人类历史上的第一颗人造卫星。这宣告了人类由航空探索转向航天探索，也拉开了太空竞争的帷幕。

其实，第一颗人造卫星仅仅是一个用铝合金制作的圆球。圆球表面有用于传回信息的四根弹簧天线，圆球内则包裹着进行试验所需要的仪器。尽管构造极其简单，可是它的意义却是非比寻常的。

你知道吗？

人造卫星也有具体分类，它包括科学卫星、技术试验卫星和应用卫星。价值最大的是科学卫星，它对于人类认识、探索太空具有重要作用。

宇航员加加林

1961年4月12日，苏联宇航员加加林乘坐东方1号宇宙飞船起航，在最大高度为301千米的轨道上完成绕地球一周的壮举，这一过程耗费了1小时48分钟。

完成这一壮举后，加加林成为了人类历史上首次进入宇宙的宇航员。与此同时，他也是第一个目睹地球全貌的人。从此刻起，加加林便成了人类航天史上一个里程碑式的人物。

你知道吗？

在苏联首位宇航员的选拔过程中，只有加加林一人脱掉鞋子进入座舱，此举引起了主设计师科罗廖夫对他的好感。

登月第一人

从嫦娥奔月的传说不难看出，古人对于月亮的向往和崇拜始终未曾停止。

随着科技的进步，美国宇航员阿姆斯特朗乘坐阿波罗11号，完成了人类历史上的首次登月壮举。1969年7月20日，阿波罗计划启动第五次载人任务。阿姆斯特朗和他的同事奥尔德林，经过重重考验，最终脱颖而出，并如愿在月球上留下了自己的脚印。

你知道吗？

阿姆斯特朗作为登月第一人，被全世界人民所熟知。尽管奥尔德林只是晚了一小步，便被世人逐渐忘记，但他的贡献同样值得敬佩。

47

寻找外太空的痕迹

现在科学家又将目光投向了太阳系的边缘。他们数次向那里发送卫星，希望能够发现外星文明，或者是寻找到另一个适合人类生存的星球，为人类的迁移计划做准备。

不过，已经逝世的物理学家霍金曾发出警告，不要轻易寻找外星文明。且不说外星人是否真的存在，就算他们真实存在，我们也无法判断他们的善恶。

你知道吗？

刘慈欣在科幻小说《三体》中描述了星际文明之间弱肉强食与适者生存的场景，值得我们深思。

扫一扫 听一听

háng kōng háng tiān de fǎ bǎo
航空航天的法宝

随着现代化进程的不断发展，人类已经有了探索天空和宇宙的能力，这一切都得益于我们现在所拥有的航天法宝。

这些航天法宝，有的是为了科学实验做准备的，有的是用来保家卫国的，还有的是为了实现星际探索的。总而言之，随着现代航空航天事业的蓬勃发展，人类终于实现飞天的愿望，可以领略天空和宇宙的浩瀚无垠。

飞艇

飞艇属于浮空器的一种，它和热气球有着相同的升空原理，但不同的地方在于，飞艇有着自主转向和推进的能力。

与飞机相比，飞艇最大的优势就在于它的滞空能力。而且它飞行的时候可以做到悄无声息，能耗相比较来说也低了不少。飞艇也有一定的缺点，例如它的造价很高，而且速度比不上飞机。

你知道吗？

飞艇就是改进版的热气球，但是飞艇能够控制速度及方向，兼具了热气球与飞机的优点。

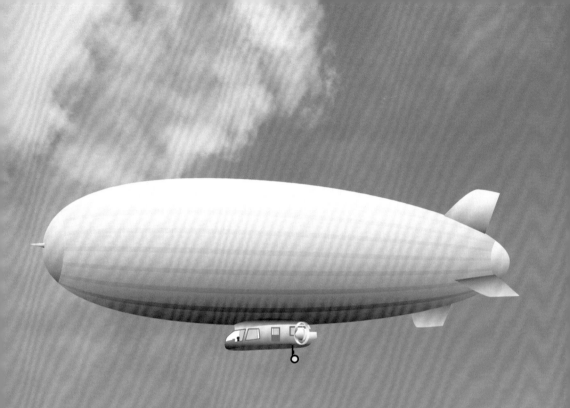

飞艇的种类

为了适应不同的需求，飞艇也衍生出若干种类型。从结构上来看，它主要分为以下三种类型。

第一种叫硬式飞艇，它通过内部骨架来支撑形状；第二种叫软式飞艇，它仅依靠内部气体提供的压力，便能维持艇身不会变形；第三种叫半硬式飞艇，它介于前两者之间，是一种通过内部副气囊做辅助支撑的飞艇。

你知道吗？

早在1784年，法国的罗伯特兄弟便率先将热气球的原理运用在飞艇中，制造了一艘鱼形的人力飞艇，可产生1 000多千克的升力。

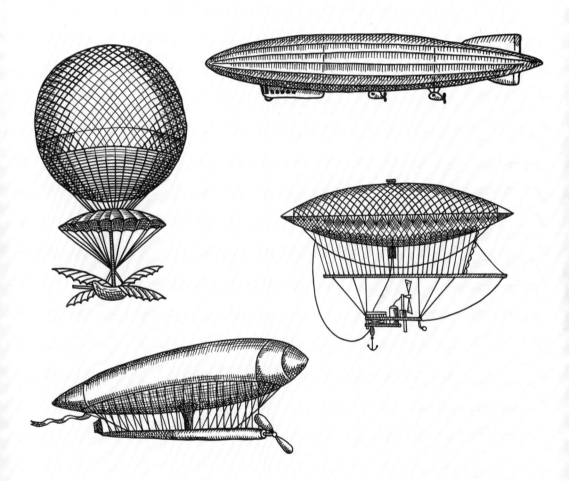

软式飞艇

软式飞艇主要可分为4个部分：气囊、辅助气囊、推进装置和尾翼。

气囊是软式飞艇的核心。它由特殊材料制成，可以维持飞艇的稳定性。辅助气囊的作用则是控制飞艇的形状和上升的高度。

推进装置和尾翼为飞艇提供了区别于热气球的动力系统，以及改变前进方向的机动能力，使得飞艇成为独树一帜的浮空器。

你知道吗？

飞艇中的吊舱，也同样重要。这里不仅是发动机的存放地，还是驾驶员控制飞艇的基地，更是机舱人员活动的区域。

螺旋桨飞机

螺旋桨飞机，是指以螺旋桨的旋转作为主要推动力的飞机。从飞机刚诞生时起，螺旋桨飞机便是人们的首选。

时至今日，螺旋桨飞机依旧没有被淘汰，这主要是因为它非常节省能源，而且能够做到速度越快越省。螺旋桨飞机对燃料的利用效率可以达到80%，所以在今天，它还是大型运输项目的首选机型。

你知道吗？

根据发动机的类型，螺旋桨飞机可分为活塞式和涡轮式。如果将人力和太阳能也当作飞机的动力，那么利用这两种动能的飞机也属于螺旋桨飞机。

喷气式飞机

喷气式飞机以喷气发动机作为主要推动力来源。传统的螺旋桨飞机，因为动力系统的局限性，无法获取更快的速度。而喷气式飞机，依靠反冲作用，能实现更加高速的飞行。

一两万米以上的高空是喷气式飞机的主场。在这里，它更能发挥出高效、稳定和快速的性能。正因如此，喷气式飞机在军事领域中逐渐取代了传统的螺旋桨飞机。

你知道吗？

1939年8月27日，喷气式飞机终于从理论走向了应用。德国飞机设计师亨克尔与奥海因研究出的He-178喷气式飞机，宣告试飞成功。

民用飞机

第一次世界大战结束之前，飞机只是为军方人员服务的。当战争结束之后，战时生产的大量飞机没了用武之处，所以很多军用飞机被改装成民用飞机。它们执行着货物运输、搭载乘客的任务，也因此有了经济价值。

现在，随着经济与科技的快速发展，已经有了专门的民航公司。它们为旅客提供专用的飞行服务，民航事业也因此快速兴盛起来。

你知道吗？

民用飞机现在已经占据世界上飞机的主流。除了航空公司的飞机，民用飞机还包括私人飞机和具有特殊功用的直升机。

波音飞机

波音飞机由波音公司生产制造。和之前的民用飞机相比，波音飞机提高了飞行速度和高度，并增加了载客量和飞行里程。这些优点也让它成为民航飞机中的领头羊。

尽管波音客机在历史上发生过多次重大空难，但是时至今日，波音客机仍旧是世界上稳定性最高的客机。

你知道吗？

波音飞机在民航领域独占鳌头，预计在未来几十年内，波音公司生产的飞机仍将处于世界领先地位。

航天飞机

航天飞机，指由人驾驶的，可以来往于近地轨道与地面之间的飞机。它既有运载火箭垂直起飞的能力，又有普通飞机正常着陆的能力。它的发明使人类有了自由进出宇宙的能力，是人类航天史上浓墨重彩的一笔。

虽然这种飞行器叫作航天飞机，但是它的结构却相当于飞机与火箭的综合体。它的出现，也标志着人类航天事业取得了长足进步。

你知道吗？

航天飞机的起飞原理，就是通过火箭将飞机运载到空中发射。这样不仅减少了飞机的能源损耗，也同时为飞机提供了更加充足的动力。

武装直升机

武装直升机配备有专业的武器设备，是为了实施空中打击所研发的机种。从功能上看，它主要分为普通武装直升机、隐身武装直升机和高速武装直升机。

其中，最有特点的是隐身武装直升机，它具有机动性强、隐蔽性好和威力巨大3个特点。除了作战能力突出以外，武装直升机还经常被用来运输各种物资。

你知道吗？

武装直升机的操作难度比一般飞机更大。这是因为驾驶员在作业时，需要进行飞机的悬停操作，以便实施更加精准的打击。

空中加油机

车开在路上可以去加油站加油，可是天空中不可能建造加油站，而让飞机降落加油又会耽误时间，于是空中的移动加油站——空中加油机就应运而生了。在需要加油时，空中加油机与目标飞机会在天空中缓慢飞行，并尽量保持相对静止。

空中加油机就相当于后勤补给人员，给前方的作战人员提供物资保障。

你知道吗？

空中加油机的飞行速度其实比较慢，所以即使是实现了空中加油，也没有做到飞机的悬停，而是两架飞机同时以较慢的速度飞行。

战斗机

战斗机，又叫作歼击机，被用于军事领域，主要负责消灭和拦截来犯的敌方飞行器。作战时，战斗机是当之无愧的空中霸主，也是我方飞机最为可靠的"保护伞"。它不仅有着很高的机动性，还有强大的打击力。

现在我国也已经研发了许多属于我们自己的歼击机，从一代一直到五代。目前我国的歼-31在国际上也占据了领先的地位。

你知道吗？

现在的战斗机已经进化到隐形战斗机的地步，所谓的隐形并不是我们看不见它，而是指雷达无法侦测到它。

轰炸机

  轰炸机的主要任务就是对地面进行轰炸，给敌方带来严重打击。因为它强大的破坏力，轰炸机成了谁都不想惹的家伙。

  虽然它的空中作战能力比不上其他机种，但是它却有着"空中堡垒"的威名。决定一场空战胜利与否的关键，便在于轰炸机能否完美执行自己的任务。所以说，轰炸机拥有非常高的战略地位。

你知道吗？

  轰炸机在空战中具有重要的作用，可以大幅提升远程作战的能力，是适用于对地面、水面进行轰炸的军用飞机。

强击机

　　强击机也叫攻击机，是一种常见的军用作战飞机。它一般喜欢在中低空飞行，一方面是为了快速打击敌方的军事基地，另一方面也可以更好地支援地面作战军队。

　　强击机的特殊功能决定了它必须拥有良好的低空操纵性和稳定性。强击机的定位系统也十分先进。但是，强击机很容易遭到敌方攻击，是战场上损失率最高的机种。

你知道吗？

　　为了提升强击机的生存能力，设计师们往往在机身的要害部位装上一层厚厚的装甲，使一般的子弹无法将它轻易打穿。

运输机

"兵马未动，粮草先行。"这不仅点明了物资在军事作战中的重要地位，更说明了运输能力在一场战役中的重要作用。

显然，能运送大批军用物资的运输机，在军用后勤领域有着举足轻重的地位。有一种战略运输机，它不仅能在恶劣的天气中飞行，还有很高的机动性，可以偷袭敌人。

 你知道吗？

由我国自主研发的运-20运输机，载重量达到60吨，可装载一些像坦克一类的重型装备，是我国军用运输机体系中的重要成员。

预警机

预警机，全称叫作空中指挥预警飞机。它拥有一套完整而先进的雷达系统，可以更加高效快速地工作。因此，预警机常被用于搜索和监视空中和海上的目标。它相当于古代神话中的"千里眼"，能够帮助军方事先掌握敌军的动向，以便做出最合适的战略部署。不过，预警机一次能搭载的人数有限，而且只能探查到局部目标。

你知道吗？

世界上第一架预警机，是来自美国的舰载预警机AD-3W系列。

DANGER
PROPAREA

探空火箭

现在发射最多的火箭就是探空火箭。探空火箭通常要承担在近地空间探测的任务，有时还会作为进行科学实验的装置。探空火箭也经常被用于研究电离层、太阳紫外线、X射线等多种物理现象。因为它成本低廉，又能很好地完成科研任务，逐渐成为各国航天探索的宠儿。不过，探空火箭大多数都是无控制火箭，无法做到自主回收。

你知道吗？

探空火箭是在近地空间进行探测和科学实验的火箭，只携带科学仪器进行亚轨道飞行，具有结构简单、发射方便等优点。

运载火箭

运载火箭是专门用来运输人造卫星、载人飞船、空间站等航天器的火箭。因为这些航天器往往不配备动力系统，或者是动力系统比较弱，为了保证科研任务的进行，就需要运载火箭出场了。

比较著名的运载火箭当属我国自主研发的"长征"系列火箭，它不仅出色地完成了多次飞行器运载任务，还执行过载人航天任务。

你知道吗？

运载火箭包括单级火箭和多级火箭两种类型，多级火箭又可分为串联型、并联型和串并联混合型3种，一般属于一次性使用运载系统。

核动力火箭
hé dòng lì huǒ jiàn

传统的火箭都采用化学能燃料作为动力能源，而随着人类利用原子能能力的加强，核动力火箭在不远的未来也将登上航天舞台。

核动力火箭动力表现更强劲，能够提高火箭发射的成功率。而且由于核的能量很大，在相同的体积下，核燃料能够提供远超过化学能燃料的能量。在未来，如果想实现星际旅行的目标，核动力火箭的发展是关键所在。

你知道吗？

放射性元素镭与核动力密切相关。苏联航天之父齐奥尔科夫斯基也说："一吨的火箭只要用一小撮镭，就足以挣断与太阳系的一切引力联系。"

一次性火箭

一次性火箭是当今世界的主流火箭。我们前面提到的"长征"系列火箭就属于一次性火箭。这种火箭发射之后，在太空轨道完成分离任务，之后便失去了作用。

完成一次发射任务的投资是巨大的。除此之外，没有回收的一次性火箭会留在宇宙轨道上，成为宇宙垃圾，对以后的发射任务也会造成影响。

你知道吗？

随着航天发射任务的日益增多，一次性火箭高昂的成本成为急需解决的问题。于是，研发可重复使用的运载火箭成为各国航天技术发展的目标。

人造卫星

发射人造卫星是人类探索星际的第一步。人造卫星可用于军事、通信、探测等多个领域。

除此之外，小到天气变化，大到自然灾害，都可以通过人造卫星进行观测。同时，科学家们也利用人造卫星对宇宙中的景象进行观测，甚至探索宇宙中是否存在其他文明。

你知道吗？

为适应各种需求，地球上发射了很多功能型人造卫星，它们具有以下优势：信息量大，真实可靠，反应迅速，成本低。

科学卫星

科学卫星是一种主要用于科学探测和研究的人造地球卫星。它的研究范围包括观测地球辐射带、宇宙射线、极光等。科学卫星还能够进行模拟实验，比如进行空间生物实验、空间微重力实验。

科学卫星的发展有助于人类更全面地认识地球外的环境，为人类进入宇宙、利用宇宙提供宝贵的资料。

你知道吗？

"实践"系列卫星属于我国自主研发的科学卫星。"实践一号"卫星主要负责测量，"实践二号"卫星则包括3颗卫星，用来探测宇宙环境。

军事卫星

军事卫星特指用于进行军事活动的人造地球卫星，按照用途可以分为侦察卫星、军用测地卫星、军用通信卫星和拦击卫星等。除了拦击卫星之外，其他的卫星作用与功能和应用卫星差不多，但是因为服务对象的不同，要求的精度也不一样。

拦击卫星可以实现在太空中变轨，从而在太空中拦截敌方发射的卫星。

你知道吗？

军用卫星的应用前景非常广泛。它的发展趋势主要在于提高卫星的生存能力和抗干扰能力，达到实时覆盖地球和实时传输信息的作用。

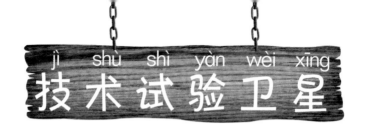

技术试验卫星

当国家进行新技术试验，科学家们往往采用技术试验卫星来模拟可能遇到的问题。例如，太空育种的方法现在已经被广泛应用，这一方法的研究就是由技术试验卫星负责完成的。还有，在进行载人航天任务之前，各个国家都先在太空中利用技术试验卫星进行了载猫、载猴子之类的试验，以保障人类探索宇宙的安全。

你知道吗？

技术试验卫星数量较少，但试验内容广泛，例如电火箭试验、生物对空间环境的适应性试验、载人飞船生命保障系统和返回系统试验。

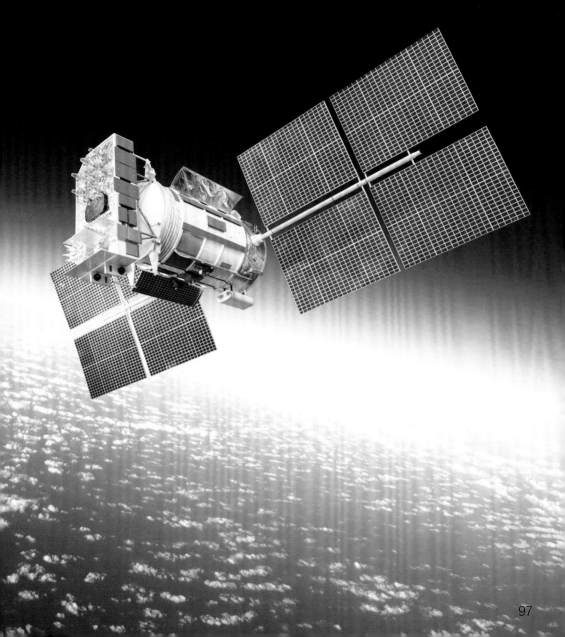

地球同步轨道卫星

地球同步轨道卫星指的是在地球同步轨道上，与地球保持运行方向一致的卫星。如果地球绕着太阳转一圈，那么这颗卫星也绕着太阳转一圈。

地球同步轨道卫星包括应用卫星和军事卫星。应用卫星的功能最为广泛，可应用于导航、通信等领域。我们在手机上导航，用手机来通话，都离不开应用卫星的技术支持。

你知道吗？

利用同步卫星来实现海上、陆地上和航空移动用户之间的通信，或是移动用户与固定用户之间的通信，都称为"同步卫星移动通信"。

太阳同步轨道卫星

太阳同步轨道卫星的运行轨道平面始终与太阳保持相对固定的取向，与地球同步轨道卫星的运转原理相似。

因为太阳同步轨道卫星的轨道倾角大于90°，而且恰好从两极附近通过，所以人们也把它叫作"近极轨卫星"。受太阳磁场的影响，科学家还为它配备了高精度的轨道控制系统，以便于它及时调整轨道。

你知道吗？

当太阳光直射南半球的时候，太阳同步轨道卫星便来到了黑夜和白天的分界线上。所以它传回来的既有黄昏时分的信息，也有黎明时分的信息。

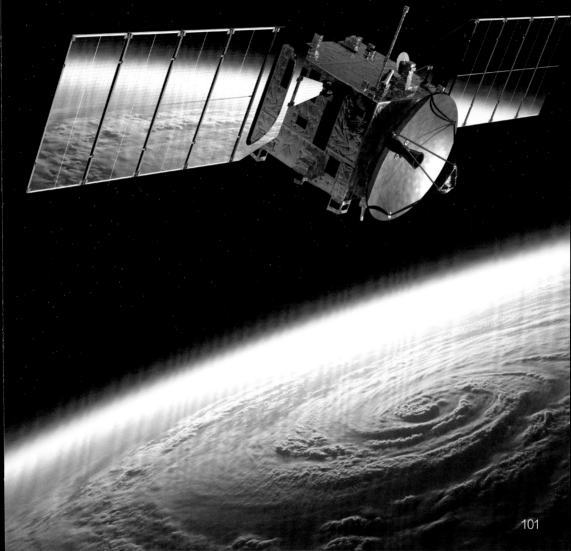

星际卫星

星际卫星的全称叫作"星际边界探测器卫星",主要用于在太阳系的边界进行科学探测实验。星际卫星在太阳系的边界收集数据,然后科学家们可以根据收集到的数据探测太阳系的边界,研究这一边界在太阳系的历史中是如何演化的。

星际卫星展现了人类对冲出太阳系、探索更广阔宇宙的美好向往。

你知道吗?

星际卫星上所载的仪器能接收到来自天体的从无线电波段到红外波段、可见光波段、紫外波段直到 α 射线波段和 γ 射线波段的电磁波辐射。

空间站

空间站又叫太空站、航天站，它相当于航天员们在太空中的据点。他们在这里可以作适当的休息，还可以进行科研工作。建立空间站，也是人类实现星际移民的第一步。

不过，空间站的建造、运输、管理都非常困难，所以现在各国通过联合拼接的方式建立巨型空间站。在未来，许多国家都计划建造更多的空间站。

你知道吗？

现有的空间站有"礼炮号"系列空间站、"天空实验号"空间站、"和平号"空间站、国际空间站、"天宫一号"目标飞行器等。

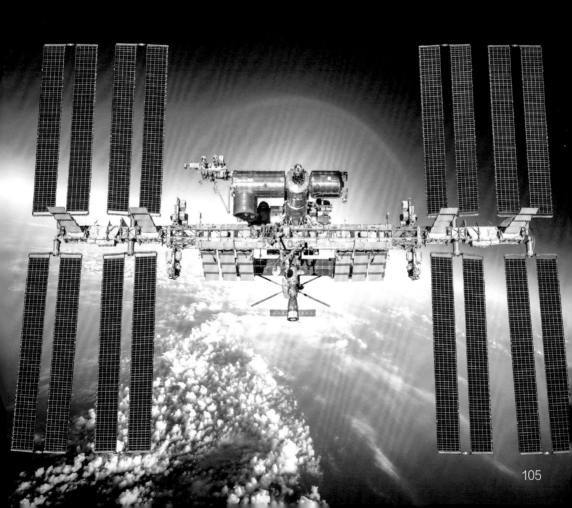

宇宙飞船

宇宙飞船是目前世界上载人进入太空的主要航天器。最原始的宇宙飞船只有宇航员的座位。后来，科学家在原始飞船的基础上研究出双舱式宇宙飞船和三舱式宇宙飞船。

双舱式宇宙飞船有了明显的改进，而三舱式宇宙飞船，便是在双舱的基础上，增加了一个登月舱。宇宙飞船的出现，让人类航天事业的发展向前迈进了一大步。

你知道吗？

苏联的"东方一号"宇宙飞船，是世界上第一艘宇宙飞船。它在1961年4月12日成功发射，引来了全世界人民的密切关注。

"神舟号"系列飞船

"神舟号"系列飞船，是由我国自主研发和建造的宇宙飞船。

从结构来看，"神舟号"飞船采用了三舱一段的基本架构，由返回舱、轨道舱、推进舱和附加段构成。这4个主要结构，各自承担了不同的作用，缺一不可。目前，全世界正在运用的空间最大的载人飞船，便是我国的"神舟号"系列飞船。

你知道吗？

首次完成我国载人航天任务的大功臣是"神舟五号"与宇航员杨利伟。这艘对我国来说具有划时代意义的宇宙飞船，在2003年10月15日终于抵达了神秘的太空。

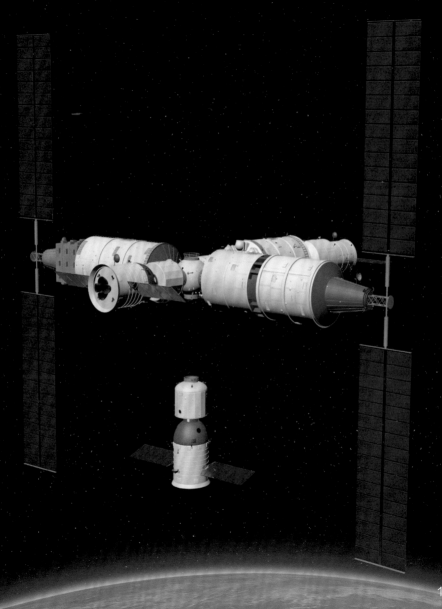

私人宇宙飞船

以前，宇航员想要飞上太空，首先需要经过严格的训练，以达到远超常人的身体素质。但是现在，私人宇宙旅行的时代可能即将到来，随着航天飞机逐渐退出历史舞台，私人商业飞船开始崭露头角。

在不久的未来，飞向太空也许不再是遥远的梦想，它会变得更贴近现实生活。

你知道吗？

美国加州的太空探索技术公司（SpaceX）研制出的"猎鹰9号"火箭，可以发射太空舱。这也说明私人航天事业取得了很大进步。

空间探测器，是人类探测宇宙深处的好帮手。在空间探测器的帮助下，人们逐渐揭开了遥远天体的神秘面纱。

科学家们在发射空间探测器时，会给它加上强大的速度，足以让空间探测器脱离地球的束缚，冲向遥远的宇宙深处。由于它飞得太远，人类无法做到实时监测，所以还给它配备了自主导航系统。

你知道吗?

借助空间探测器，人类不仅实现了"奔月"的理想，还用它先后拜访了地球的其他邻居，如水星、火星、木星、土星以及哈雷彗星等。

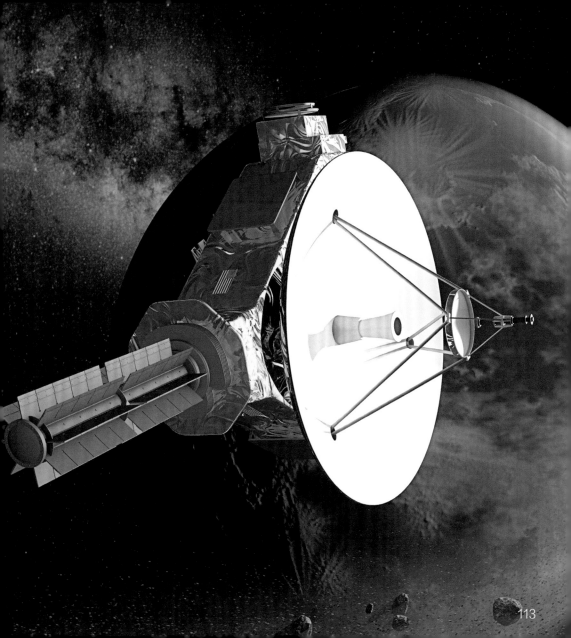

月球探测器

月球探测器是对地球的天然卫星——月球进行无人探测的航天器。它采用硬着陆、软着陆、环绕月球和对月球土壤采样分析的方式来探测月球。

多年来，科学家们对月球的探测获得了许多卓越的成果。他们不仅证明了月球周围没有磁场和辐射带，也分析出了月球的土壤结构。一些科学家甚至开始在月球上寻找水和冰。

你知道吗？

月球探测器的工作原理：第一步是飞越月球，第二步是用探测器击中月球，第三步是让探测器在月球上软着陆。

行星和行星际探测器

行星和行星际探测器的科研任务是对太阳系内的行星进行探测。如果要飞往目标行星，不仅需要备足燃料，还需要计算好轨道。

目前，大多数的行星和行星际探测器都是采用太阳能作为动力，所以行星和行星际探测器在飞行过程中，必须保证太阳能采光板时刻面向太阳。另外，受天体引力影响，行星控制系统还需要不断地调整探测器的飞行方向。

你知道吗？

行星和行星际探测器一般都搭载姿态控制系统。姿态控制系统主要分为两种，一种是自旋稳定姿态控制系统，另一种是三轴稳定控制系统。

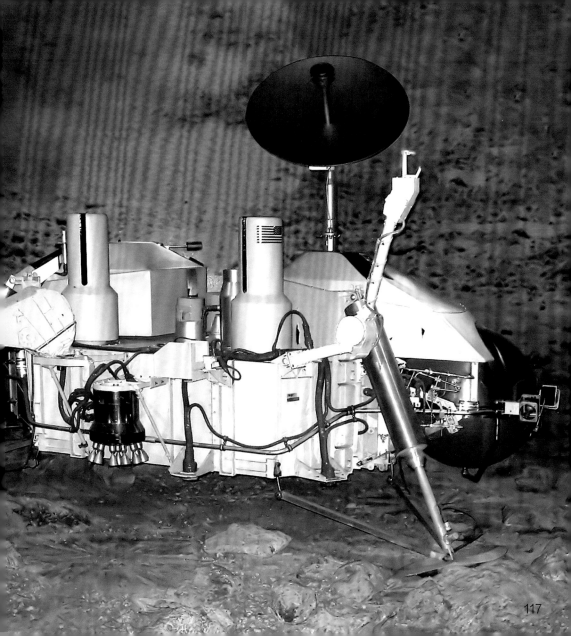

航空航天工作者
háng kōng háng tiān gōng zuò zhě

航空航天事业蓬勃发展的背后，离不开各种各样的航空航天工作者。在这些人中，既有教授、设计师这样的幕后功臣，也有军人、宇航员这样的一线英雄。当然，还有更多的建造者在背后默默奉献。正是这些航空航天工作者们的不懈追求和无私奋斗，人类的飞天梦想才能真正走进现实。

飞行员

在飞机诞生初期，飞机的设计者往往亲自驾驶着自己的"孩子"。飞机慢慢普及以后，开始批量生产，然后又广泛运用在军事领域中。军队开始着手培养专业飞机驾驶员，飞行员这个职业便诞生了。

一般的民航飞行员往往只需要承担驾驶飞机和通讯的工作，但对军队飞行员来说，他们还要完成领航、射击以及轰炸等军事任务。

你知道吗？

绝大多数空军高级将领都是飞行员出身。因为飞行员本来就是万里挑一，能从中脱颖而出的，更是空军中的佼佼者。

yǔ háng yuán
宇航员

宇航员，全称是宇宙航天员，是指接受航天训练后，指挥、操纵或搭乘航天器的人员。所以宇航员的主要任务，便是探索宇宙。

宇航员的选拔十分严格，远超过飞行员的选拔。应选者想要通过初步考察，必须有远超常人的身体素质。在通过初试之后，宇航员还要经受各种严峻的考验，比如在失重环境下生活、训练和操纵飞船。

你知道吗？

苏联的尤里·加加林是世界上第一位宇航员，他于1961年进入太空。我国首位宇航员是杨利伟，他在2003年进入太空。

引导员

我们可能在天空中修建交通信号灯吗？飞机可以在天空中随意飞行吗？答案都是否定的。这时候就需要飞机引导员出场了。塔台引导员通常都会在塔台向飞行员传递起飞或降落等命令，地面引导员通过不同的动作来给机长下达指令。这样，飞机的起飞、航行、降落都处在精密的安排中，既保障了飞行的安全，又能够提高飞行的效率。

你知道吗？

　　飞机引导员使用地面引导设备将飞机引领到指定目标或空域，通过对飞机进行地面引导，可使飞行人员发现目标。

设计师

无论是飞机、火箭，还是人造卫星、宇宙飞船，它们都不可能凭空产生。而如何实现从0到1的突破，便是设计师的任务了。

只有设计师先设计出图纸，相关人员才能根据图纸进行建造。当然，在电脑出现之后，设计师便能够通过大型计算机的模拟实验，来预测可能发生的问题，同时也可以避免一些建造过程中可能存在的风险。

你知道吗？

飞机、火箭中的每一个零件，在被设计出来之后，都要经过设计师的无数次修改，才能符合要求。

科学家

如果说设计师负责动手画图，那么科学家则是为航空航天事业提供了理论基础。可别小看这些理论，如果牛顿没有发现万有引力的计算公式，那么火箭就无法挣脱地球的束缚。

现代科学蓬勃发展，科学家总结出各种各样的公式，这些都为航天事业的发展打下了坚实的理论基础。

你知道吗？

牛顿不仅发现了万有引力，还总结了三大运动定律。除此之外，牛顿为经济学、光学、力学、数学等领域的发展，也做出了不少贡献。

工程师

以飞机为例，它被设计出来之后，需要另一类人才来进行拼接、组装、管理和评估。这类人才，被称作工程师。工程师能向设计师和科学家反馈一些宝贵意见。

在工程师的把控下，飞机从设计图纸到实物，需要经过无数次的调整，才能最终由飞行员进行试飞工作。有经验的高级工程师拿到图纸后，便能发现其中可能存在的隐患。

你知道吗？

科学家与工程师，往往容易被人们混淆。科学家是研究事物，而工程师是创建新事物。

指挥员

飞机、火箭在飞到天空中后，它们的行动目标并非是飞行员随意为之的。指挥它们完成任务的人，其实是地面上的指挥员。他会根据飞机反馈回来的数据，进行远程指挥。

比如火箭发射指挥员，他的工作区域内设有供各类人员使用的指挥控制台、终端设备、电视设备、指挥通信设备等。借助这些设备，他们便能对火箭进行协调和控制。

你知道吗？

火箭在飞向太空的时候，可能会面临各种各样的突发情况。而在这个过程中，火箭指挥员的责任是最重大的。

检修师

航天器被制造出来之后需要修理和维护。航天器检修师的责任就是保证航天器的正常运行。

在航天器升空之前，检修师需要对航天器进行检查；航天器执行完任务后，检修师也需要对航天器进行检修。如果缺少了这些检查，未来航天器在执行任务时就可能存在重大的隐患。

你知道吗？

每年因意外事故损失的飞机有很多，所以对飞机的检查就是重中之重。只有检修师在飞机起飞前和完成飞行后，都仔细检查，才可能做到万无一失。

程序员

如今，飞机在正常情况下已经不需要驾驶员手动操控了，只有遇到紧急情况时，才需要驾驶员手动操控。

现在的飞机能够自动运行，多亏了背后的程序员。正是因为程序员为飞机提前编好了程序，所以只要在飞机启动之前输入指令，就能基本脱离人工控制，实现自动完成任务的目的。

你知道吗？

飞行器的程序设计是飞行器的灵魂。有了既定程序，飞行器就可以自主执行任务，既保证了工作的准确性，也保证了飞行员的安全。

乘务员

乘务员，是对所有交通工具上服务人员的统称，他们会及时帮助乘客处理好各种问题。

其中，空中乘务员的要求最高。由于多数乘务员是女性，所以她们也被人们亲切地称为"空姐"。空姐一般出现在民航飞机中，她们的任务就是确保乘客在旅途中的安全与舒适。

你知道吗？

1930年，美国航空出现了第一位空姐。她叫埃伦·切奇，曾经是一名护士，后来被美国联合航空聘用，在飞机上照顾乘客。

互动小课堂

扫一扫 听一听

相信小读者们不仅对航空航天产生了兴趣，更对各种的航空知识有了更清楚的了解吧！下面有4个问题，答案分别对应4张图片，快来把它们对号入座吧。

1 以喷气式发动机作为动力的飞机是（　　　）。

2 螺旋式直升飞机是（　　　）。

3 目前世界上最稳定的客机是（　　　）。

4 有"空中堡垒"之称的飞机是（　　　）。

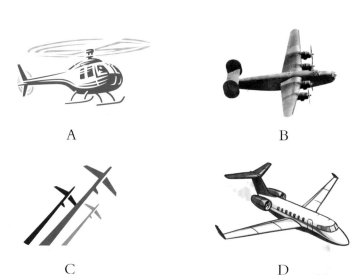

A

B

C

D